LE COKE

ET LES

Sous-Produits de sa Fabrication

CONFÉRENCE

faite le 1er Mars 1914 au Conservatoire National des Arts et Métiers

Par M. CUVELETTE,

DIRECTEUR GÉNÉRAL ADJOINT DE LA SOCIÉTÉ DES MINES DE LENS

LILLE

IMPRIMERIE L. DANEL.

1914

LE COKE

ET LES

Sous-Produits de sa Fabrication

CONFÉRENCE

faite le 1er Mars 1914 au Conservatoire National des Arts et Métiers

Par M. CUVELETTE,

DIRECTEUR GÉNÉRAL ADJOINT DE LA SOCIÉTÉ DES MINES DE LENS

LILLE

IMPRIMERIE L. DANEL.

1914

LE COKE

ET LES

Sous-Produits de sa Fabrication

Conférence faite le 1er Mars 1914
au Conservatoire National des Arts et Métiers (1).

GÉNÉRALITÉS

1. — La médaille que la Société des Mines de Lens a fait graver, il y a une dizaine d'années, pour commémorer le souvenir de la première extraction annuelle de 3 millions de tonnes dans un charbonnage français, porte en exergue cette phrase : « Rendre à l'homme par le travail les ressources enfouies de la nature », qui, dans sa simplicité, symbolise bien l'essentiel de l'activité des exploitations houillères. Car le charbon peut, en général, être livré à l'industrie tel qu'il sort de la mine ou, tout au moins, sans avoir subi grande préparation ni transformation. Les berlines, au sortir de la cage d'extraction, sont versées sur des grilles qui séparent immédiatement les plus gros morceaux, de grande valeur marchande, auxquels on évite le plus possible les manipulations ; — puis, des tables à secousses, garnies de tôles perforées, classent le produit restant en diverses catégories de grosseur ; — des toiles sans fin font

---

(1) Rédigée avec la collaboration de M. Brachet, ancien élève de l'École Polytechnique, Ingénieur aux Mines de Lens.

circuler chaque catégorie devant les trieurs, gamins ou filles, qui enlèvent les pierres et les morceaux de charbon barrés ; enfin, une toile de reconstitution permet de reformer les mélanges, en proportions variables, des diverses grosseurs, de façon à constituer des catégories commerciales qui sont chargées en wagon. Le tout dure deux à trois minutes.

2. — Il n'en est pas de même du coke métallurgique dont la fabrication comporte tout un traitement du charbon et la mise en œuvre d'un matériel important et compliqué. Le coke est nécessaire pour la fabrication de la fonte au haut-fourneau, pour laquelle, sauf quelques rares exceptions, en Ecosse et en Pensylvanie, le charbon n'est pas utilisable sous sa forme naturelle. Le haut-fourneau est un immense creuset dans lequel combustible et minerai de fer sont chargés pêle-mêle ; l'air pénètre par la partie inférieure. Le combustible joue un double rôle, il réduit les oxydes de fer du minerai et il fournit la chaleur nécessaire aux réactions et à la fusion de la fonte et du laitier.

Une condition essentielle pour la bonne marche du haut-fourneau est l'absence de matières fines qui s'opposeraient au passage de l'air. Il faut donc un combustible dur et résistant à l'écrasement sous le poids considérable de la charge. C'est la principale qualité qu'on demande au coke métallurgique, et c'est précisément celle qui manque généralement au charbon. Un bon coke a une résistance à l'écrasement de 100 à 180 kilogs par cm^2. Il doit être fortement aggloméré, car, lors de la descente de la charge, il subit, au contact du minerai et des parois du fourneau, des frottements qui tendent à le désagréger.

3. — Il est une autre industrie qui fabrique du coke, celle du gaz d'éclairage. Vous connaissez ce coke, résidu des usines à gaz, employé pour le chauffage domestique et apprécié comme combustible

sans fumée ; friable et faiblement aggloméré, il ne possède pas les propriétés requises pour le coke métallurgique.

L'industrie du gaz d'éclairage et celle du coke métallurgique sont basées sur une même opération, la distillation de la houille dans une enceinte fermée, à parois chauffées. Mais elles diffèrent — ou plutôt elles différaient — essentiellement par leur but immédiat, l'une recherchant dans cette distillation le produit volatil, gaz riche en éléments éclairants et de pouvoir calorifique élevé, l'autre, le résidu solide, le coke, combustible réclamé par la métallurgie. Leurs procédés comme leurs buts étaient, du moins jusqu'à ces dernières années, assez dissemblables, la fabrication du gaz se faisant dans des cornues de petites dimensions où la distillation, à haute température, s'opérait en 4, 8 à 6 heures, le coke se fabriquant en grandes masses qui exigeaient plusieurs jours de carbonisation.

Mais le four à coke primitif, appareil des plus rudimentaires, s'est transformé peu à peu grâce à des progrès techniques incessants en un instrument très perfectionné. Les usines à gaz, tentées par les méthodes plus économiques des cokeries et poussées d'ailleurs par la nécessité de réduire leurs frais de main-d'œuvre, se sont inspirées de plus en plus, dans la construction de leurs fours, des types en usage dans les usines à coke ; si bien que les unes et les autres tendent actuellement à adopter des procédés et des appareils présentant de très grandes analogies entre eux. L'importance économique croissante de la récupération des sous-produits de la distillation a contribué à ce rapprochement, en ouvrant aux deux industries un domaine commun, — et combien vaste, nous le verrons dans la seconde partie de cette conférence. — Enfin, avec les derniers perfectionnements apportés aux fours modernes, les cokeries disposent, pour la vente, d'un gaz comparable en tous points aux gaz d'éclairage et en quantité égale à la moitié environ de celle que produisent, par unité de charbon, les usines à gaz.

Ainsi ces deux industries, qui semblaient devoir suivre deux voies bien séparées, se sont peu à peu rapprochées ; dans certaines applications même elles se confondent.

4. — On a d'abord employé dans le haut-fourneau le charbon de bois. L'idée d'utiliser le coke est due à un ingénieur anglais, Dudley, qui prit un brevet pour son invention en 1619. Elle n'entra toutefois dans la pratique qu'à la fin du XVIIIe siècle et le premier haut-fourneau ayant fonctionné au coke en France a été construit au Creusot, en 1782, par l'anglais William Wilkinson. Le coke s'est à peu près entièrement substitué au charbon de bois ; sur les 160 hauts-fourneaux existant en France, en 1911, il n'en restait que 2, un dans les Landes, un dans les Pyrénées, marchant au charbon de bois.

Quelle est l'importance de la fabrication du coke dans le monde ?

La production annuelle de fonte est d'environ 80.000.000 de tonnes et, comme il faut en général un peu plus d'une tonne de coke par tonne de fonte, la sidérurgie consomme au moins 80.000.000 de tonnes de coke. Le coke, d'autre part, n'est pas uniquement employé dans la fabrication de la fonte ; 20 % de sa production passent à d'autres usages, — fonderie, sucrerie, fabrication du ciment, chauffage des étuves et des appartements. — On peut donc estimer que la production mondiale de coke atteint 100.000.000 de tonnes, ce qui utilise environ 150.000.000 de tonnes de charbon. Pour donner une idée de l'importance de ce chiffre, il me suffira de dire qu'il représente cent fois la consommation annuelle des usines de la Société du Gaz de Paris.

5. — Avec quels charbons fait-on le coke métallurgique ?

Les propriétés des différents charbons sont en relation avec leur teneur en matières volatiles, c'est-à-dire avec la perte de poids qu'ils subissent lorsqu'on les distille à l'abri de l'air. Si on en dresse un tableau d'après les teneurs en matières volatiles croissantes, on a à la base les anthracites tenant 5 à 10 %, au sommet les houilles sèches à longue flamme, 40 % et plus.

Les charbons qui conviennent le mieux pour la fabrication du coke métallurgique sont vers le milieu de ce tableau, tenant de 20-22 % de matières volatiles. Les houilles plus grasses donnent un coke boursouflé et poreux, les houilles plus maigres, un coke friable et pulvérulent. On se limitait autrefois à l'emploi de ces charbons spéciaux ; mais ils sont relativement rares et, quand l'industrie métallurgique, dans le prodigieux développement qu'elle a pris dans ces dernières années, exigea des quantités croissantes de coke, on fut amené à carboniser des houilles plus riches en matières volatiles. On parvint même à utiliser des houilles à gaz tenant jusqu'à 32 %, en les additionnant, en proportions convenables, de houilles plus maigres, de façon à obtenir un mélange à 25-26 %.

PRÉPARATION DU CHARBON

6. *Lavage.* — Le charbon doit subir une préparation préalable. Il doit d'abord être lavé. Un bon coke métallurgique ne doit pas renfermer plus de 12-13 % de cendres ; le rendement à la carbonisation étant de trois quarts environ, la teneur en cendres du charbon ne doit donc pas dépasser 9 %. Le charbon tout-venant, souillé par les impuretés qui proviennent des lits schisteux intercalés dans les veines, a souvent une teneur plus forte, 12 jusqu'à 20 et même 22 %, surtout les charbons fins employés pour la fabrication du coke, qui ne peuvent être épurés par le triage à la main.

Le lavage se fait dans des appareils à courant d'eau, appelés bacs à piston, où l'on utilise la différence de densité des matières à séparer, charbon, 1,30, schistes, 2,20. Ces bacs sont divisés en deux compartiments communiquant par le bas. Le charbon, préalablement classé par ordre de grosseur, est entraîné par un courant d'eau dans un des compartiments, où il est abandonné en chute libre ; l'autre compartiment est fermé par un piston qui reçoit un mouvement rapide de va-et-vient vertical. Les différentes matières se classent en hauteur par ordre de densité, le charbon pur, plus léger, reste à la surface, les schistes tombent au fond. On les sépare par des procédés appropriés à chaque cas.

Le charbon lavé est envoyé dans les trémies ou tours de filtration, où on le laisse égoutter jusqu'à la teneur en eau convenable.

Broyage. — Il doit être ensuite finement broyé. Ce broyage se fait dans des appareils Carr. Ils sont constitués par deux plateaux verticaux, placés face à face et portant une ou plusieurs séries de broches horizontales ; ces plateaux sont animés, en sens inverse l'un de l'autre, d'un mouvement rapide de rotation. Le charbon, arrivant par le centre, entre les deux plateaux, rencontre alternativement les broches de l'un, puis celles de l'autre, il se trouve pulvérisé par les chocs successifs.

Il est alors emmagasiné dans de grands silos.

Pilonnage. — Enfin le charbon est parfois comprimé par pilonnage. Cette compression préalable a le grand avantage d'augmenter la densité apparente du charbon et par suite celle du coke dans les mêmes proportions ; elle est particulièrement utile lorsqu'on doit traiter des charbons riches en matières volatiles qui tendent à donner un coke léger.

Le pilonnage du charbon se faisait primitivement dans la chambre même du four. On le fait maintenant, avant enfournement, dans une caisse dont les dimensions sont légèrement inférieures à celles du four. On opère mécaniquement à l'aide d'une machine appelée pilonneuse : deux pilons se déplacent d'une extrémité à l'autre de la caisse et compriment le charbon par couches successives. Quand le gâteau est complètement formé, la pilonneuse, qui est montée sur rails, vient se placer devant le four à charger et pousse le gâteau dans le four au moyen d'une crémaillère actionnée par un treuil à vapeur ou électrique ; on referme la porte du four et la pilonneuse va se recharger sous les silos d'alimentation. En général, la pilonneuse-enfourneuse est combinée, en une seule machine, avec la défourneuse, qui pousse le gâteau de coke hors du four à l'aide d'un bouclier également actionné par une crémaillère. La machine pilonneuse-enfourneuse-défourneuse fait tout le service de la batterie avec le minimum de main-d'œuvre.

LE FOUR A COKE

7. *Origines.* — Le four à coke moderne est très compliqué ; pour en bien comprendre l'économie, il est nécessaire de suivre, par un rapide historique de ses transformations successives, le processus de l'esprit humain, qui l'a amené par étapes à sa forme actuelle.

Carbonisation en meules. — La fabrication du coke dérive, à son origine, de celle de charbon de bois ; coke de charbon et coke de bois se sont faits suivant le même procédé classique des charbonniers. Les morceaux de charbon sont entassés en forme de meules qu'on recouvre de terre ou de gazon. Le feu étant mis à l'intérieur, une partie du charbon brûle grâce à l'air qui s'introduit par une série d'évents ménagés à la base de la meule ; les gaz de la distillation s'échappent par une cheminée centrale. La carbonisation s'opère de l'intérieur à l'extérieur ; elle dure de 10 à 15 jours.

Pour simplifier la confection de la meule, on commença, à partir de 1823, à carboniser le charbon entre des stalles, fermées sur trois côtés par des murs verticaux.

Four de boulanger. — La réfection de la voûte à chaque carbonisation était une opération longue et délicate. Pour l'éviter, on eût l'idée, quelques années plus tard, vers 1825, d'exécuter cette voûte une fois pour toutes en maçonnerie. Ainsi apparut le premier four à coke proprement dit, le four de boulanger (fig. 1). Il est constitué

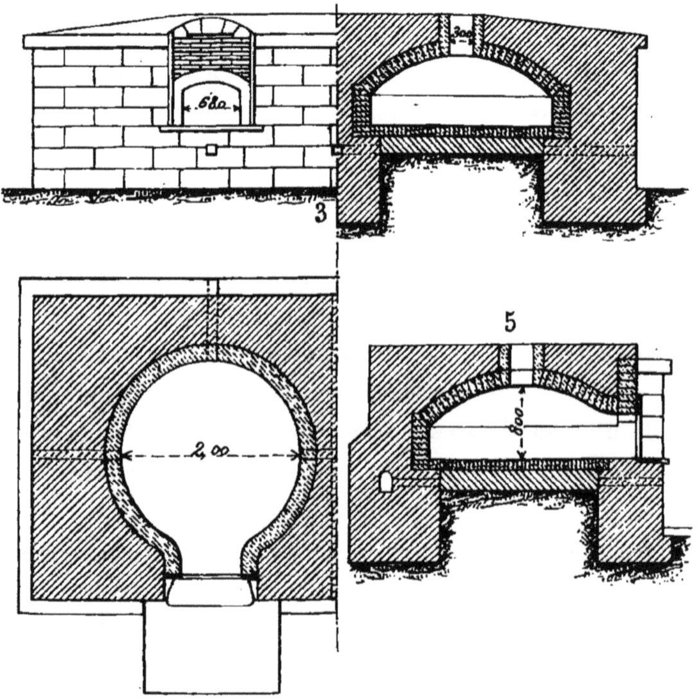

Fig. 1. — Four Français, dit de boulanger.
(Extrait du Cours Jordan).

par une chambre voûtée de forme ronde ou ovale, munie à la partie supérieure d'une ouverture pour le chargement et le dégagement des gaz et, sur l'un des côtés, d'une porte pour le défournement. On commence par chauffer le four en y brûlant de la houille. Quand les parois sont rouges, on y introduit la charge et la houille commence à distiller sous l'influence de la chaleur qui rayonne de la voûte. Les gaz produits par cette distillation brûlent grâce à l'air qu'on introduit en petite quantité ou qui traverse les parois. Quand la carbonisation est terminée, on ouvre la porte, un ouvrier tire le coke avec un crochet, tandis qu'un autre l'arrose à la lance, et, dans le four qui est encore rouge, on introduit aussitôt une nouvelle charge. La charge varie de 2.500 à 6.000 kgs, elle est répartie dans le four en une couche de 60 à 80 cms et la carbonisation dure 3 jours. Plusieurs fours sont généralement réunis dans un même massif, ce qui les a fait appeler fours à ruches (beehives ovens). A Rive-de-Gier, on leur donnait une forme ovale avec une porte à chaque extrémité.

Ces fours primitifs sont encore très répandus aux États-Unis, où ils fournissent 80 % de la production totale de coke. Cette préférence est due à la propriété qu'ils ont de donner un coke très dur, pouvant résister aux pressions considérables qui s'exercent dans les hauts-fourneaux géants de Pensylvanie, dont la hauteur atteint 28 et 30 mètres. On attribue cette qualité du coke des fours à ruches au mode de chauffage, qui oblige tous les gaz à traverser la couche supérieure la plus chaude, où les hydrocarbures se dissocient en déposant du carbone pur qui agglomère fortement le coke déjà formé. Par contre, la carbonisation est très irrégulière et la partie inférieure, moins fortement chauffée, donne souvent lieu à des incuits.

8. *Fours à parois chauffées. Four Appolt.* — En vue de réaliser une meilleure répartition de la chaleur dans toute la masse du charbon, on eût l'idée, vers 1850, d'opérer la combustion des gaz de la distillation non plus dans l'enceinte même du four, au contact du charbon, mais à l'extérieur, dans des carneaux de circulation convenablement répartis dans les parois ; la chaleur se transmet au charbon par conductibilité, comme dans une cornue. C'est le principe des fours à parois chauffées, dont la première réalisation a été le four vertical Appolt, inauguré en 1854, à Sulzbach dans la Sarre, et qui fut importé à Rive-de-Gier en 1856. Il se compose (fig. 2) d'un certain nombre de cornues verticales en terre réfractaire,

étroites et de grande hauteur, disposées dans un même massif ; leur section rectangulaire va en augmentant légèrement de haut en bas.

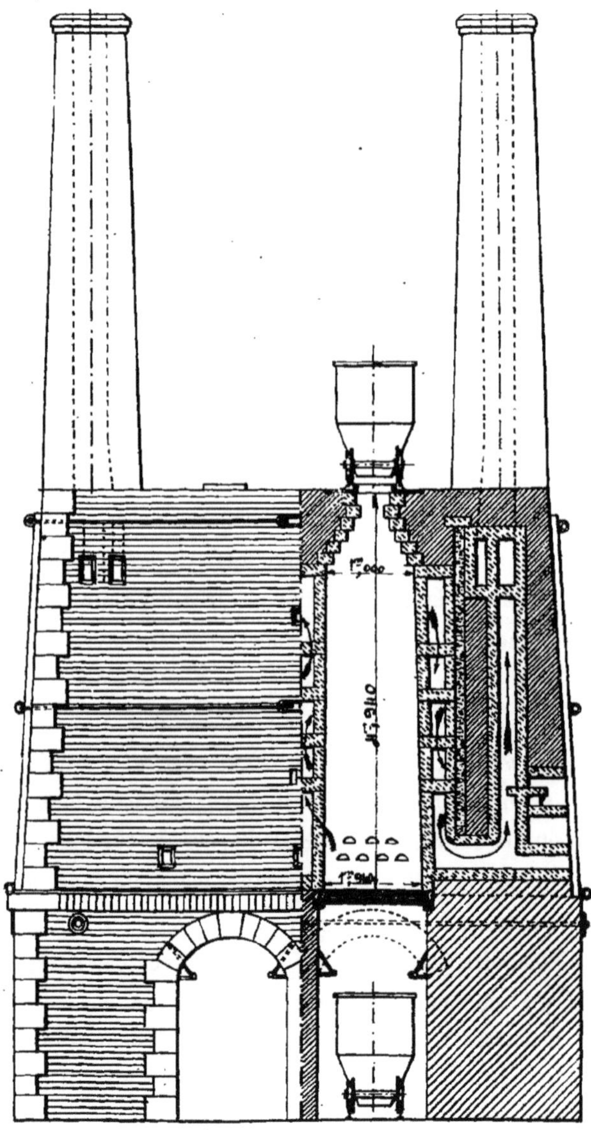

Fig. 2. — Four vertical Appolt.

Une porte, à la partie supérieure, sert au chargement; une autre, à la partie inférieure, au défournement du coke, qui se fait automatiquement grâce à la forme pyramidale de la cornue. Les gaz de la distillation s'échappent par des fentes ménagées à la partie inférieure des chambres et circulent en brûlant dans des carneaux à l'intérieur des parois avant de s'échapper de la cheminée. La distillation dure 24 heures. La disposition verticale des cornues n'a pas été conservée; elle avait pour effet de communiquer au charbon, sous l'influence de son propre poids, une certaine pression favorable à la formation d'un coke dense; aussi fut-elle adoptée avec faveur dans les bassins, comme ceux de la Sarre et de Blanzy, dont les charbons tiennent plus de 30 °/ₒ de matières volatiles. Une batterie de fours Appolt était en service, il y a peu d'années, à Blanzy; elle mérite d'être mentionnée pour avoir inauguré en France, en 1894, la distribution du gaz de fours à coke pour l'éclairage. On retrouve les dispositions du four Appolt dans les cornues verticales adoptées, en ces dernières années, par diverses usines à gaz.

9. *Fours belges.* — Les fours à chambres horizontales, inventés en Belgique en 1850 et désignés sous le nom de fours belges, ont donné la forme fondamentale des fours à coke modernes. Ils sont constitués par un couloir voûté, fermé à ses deux extrémités par des portes en fonte garnies intérieurement de briques réfractaires, soigneusement lutées avec de l'argile. Ces portes servent au défournement et également à l'enfournement si on fait le pilonnage préalable du charbon. Des ouvertures ménagées dans la voûte permettent de faire le chargement par le dessus du four. Les premiers fours avaient 6 mètres de longueur, 1 mètre de hauteur et une largeur moyenne de 0,7 m. Les fours modernes ont ordinairement 10 mètres de long et jusqu'à 3 mètres de hauteur; leur largeur est réduite à 50 et même 40 cms, suivant la nature de la houille à carboniser. La distillation dure de 24 à 48 heures. Un grand nombre de chambres sont disposées

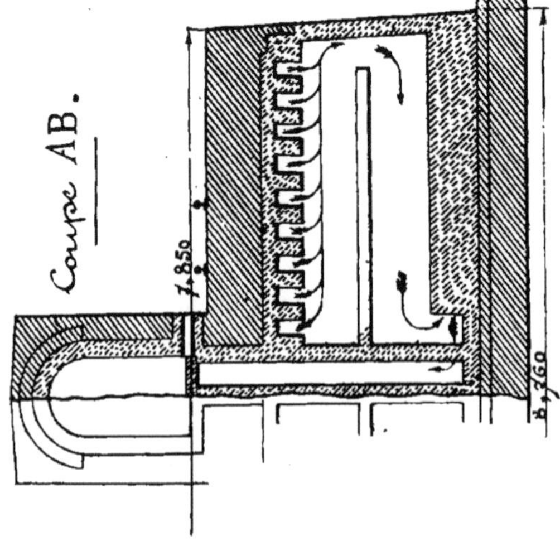

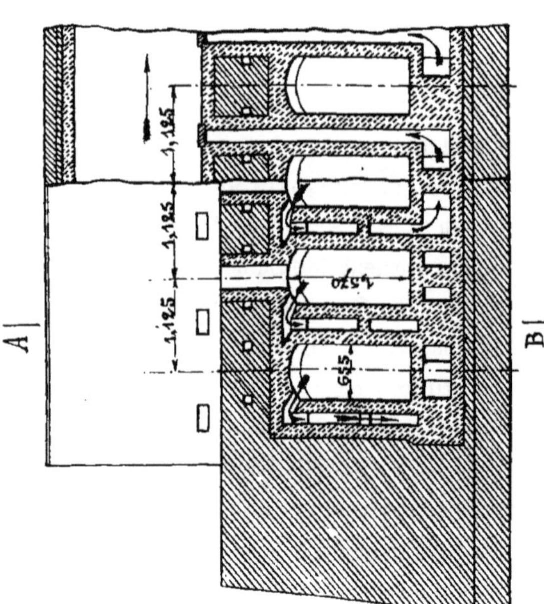

Fig. 3. — Four belge a carneaux horizontaux.

(Extrait du Cours Jordan).

côte à côte dans un même massif et constituent une batterie. Les carneaux de chauffage sont placés dans les parois de séparation, nommées piédroits, et sous la sole des fours. Leur disposition a permis de rattacher les différents systèmes de fours belges à deux types, fours à carneaux horizontaux, fours à carneaux verticaux.

Dans les fours du premier type (fig. 3), les gaz de la distillation, sortant du four par une ou deux ouvertures ménagées dans la voûte, passent dans les piédroits, divisés par des cloisons en deux ou plus souvent trois carneaux horizontaux superposés ; les gaz parcourent ces carneaux successivement de haut en bas, puis arrivent sous la sole, où ils circulent dans d'autres carneaux et enfin s'échappent à la cheminée. Dans les premiers fours, l'air qui filtrait à travers les maçonneries suffisait à provoquer l'inflammation des gaz ; mais très rapidement, des buses d'introduction d'air furent placées en différents points des carneaux de façon à obtenir une combustion complète, progressive et mieux répartie. A ce type appartiennent les anciens fours Smet, Haldy et Seibel. Les fours Smet-Solvay, Carvès et les premiers fours Collin ont conservé cette disposition.

Le principe des fours à carneaux verticaux a été réalisé dans le four Coppée, dont les premières batteries, en France, ont été construites à l'usine d'Anzin, en 1860. Les piédroits de ce four sont divisés en 28 carneaux verticaux (fig. 4) ; les gaz sortent du four par 28 ouvertures sur l'un des côtés de la voûte ; ils se mélangent aussitôt à l'air qui arrive par de petits orifices débouchant sur la plate-forme supérieure de la batterie ; ils s'enflamment dans un carneau horizontal qui règne sur toute la longueur du piédroit, puis descendent par les carneaux verticaux et se réunissent sous la sole ; les gaz de deux fours voisins se mélangent et circulent successivement sous les soles des deux fours. Les carneaux verticaux permettent de donner plus de solidité aux piédroits et assurent une meilleure répartition de la chaleur sur toute la longueur du four. Ils ont été adoptés dans la plupart des fours modernes.

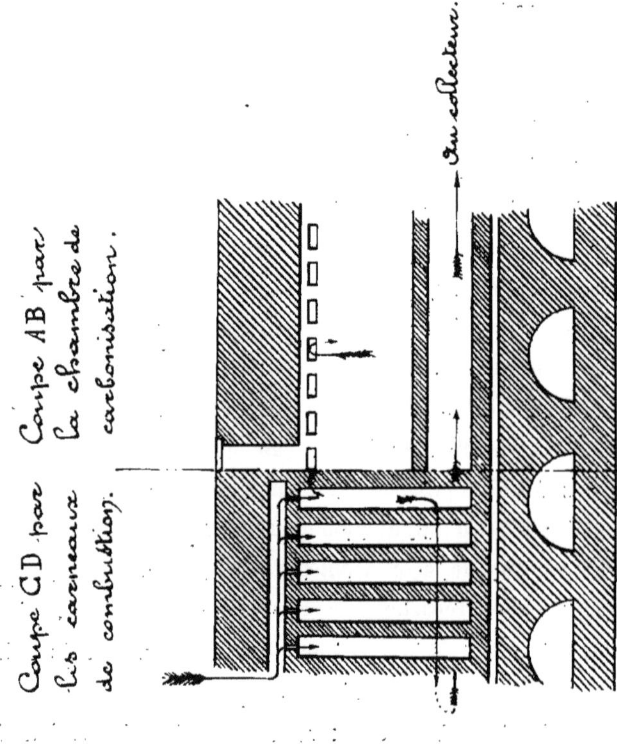

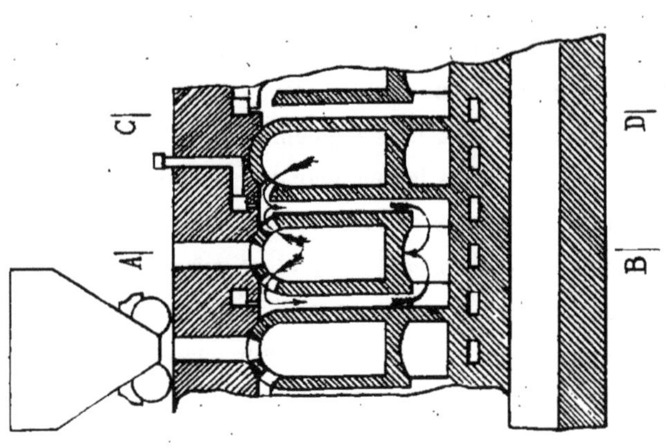

Fig. 4. — Four belge a carneaux verticaux (Coppée).

10. *Utilisation des flammes perdues.* — Lorsqu'on carbonise du charbon tenant plus de 20 % de matières volatiles, la quantité de chaleur dégagée par la combustion des gaz de la distillation est supérieure à ce qui est nécessaire. Les gaz ne sont brûlés qu'imparfaitement dans les piédroits ; ils en sortent d'ailleurs à une température voisine de 1.000°. Dans les premiers fours belges, leur

Fig. 5. — Batterie de 84 fours a récupération, type Mines de Lens, avec chaudières Belleville.

Cette batterie a été établie en 1904, à proximité du canal de la Deûle ; les fours, à récupération de sous-produits, sont à carneaux horizontaux. La photographie montre les cheminées en tôle, hautes, par lesquelles s'échappent les flammes perdues, après avoir traversé les chaudières Belleville placées directement sur les fours. Quand une chaudière est hors de service, les flammes gagnent l'athmosphère par les cheminées carrées, placées au second plan.

combustion se terminait à la sortie de la cheminée, au contact de l'air extérieur, donnant des flammes qui, la nuit, signalaient à grande distance, les installations de fours à coke et qui ont fait donner aux gaz brûlés le nom de flammes perdues. On a évalué, pour des charbons à 22 % de matières volatiles, la quantité de chaleur latente et sensible des flammes perdues à 50 % de la chaleur produite. Dès 1880, on chercha à recupérer cette chaleur perdue en dirigeant les gaz, à la sortie des carneaux, sous des chaudières où ils achèvent de brûler; ils s'échappent à la cheminée à une température de 200 à 300°; la quantité de vapeur qu'on peut produire atteint 1 kg. par kilogramme de charbon carbonisé.

Les chaudières peuvent être groupées aux extrémités de la batterie ou réparties sur sa longueur. La figure 5 montre un exemple de cette dernière disposition.

11. *Fours à récupération de sous-produits.* — Le gaz de fours à coke contient un certain nombre de produits condensables à la température ordinaire, notamment le goudron et l'ammoniaque. La présence de ces corps dans le gaz d'éclairage était connue dès l'origine de l'industrie gazière par les difficultés auxquelles elle donne lieu : obstructions des conduites par les dépôts de constituants solides du goudron, naphtaline, etc...., attaque des becs et des robinets par l'ammoniaque. Ces produits nuisibles devaient être éliminés par une réfrigération intense du gaz dans des serpentins; ils reçurent peu à peu de nombreuses applications, si bien que cette purification du gaz devint une opération avantageuse par elle-même et que les fabricants de coke virent un intérêt à faire subir à leur gaz, avant de le brûler pour le chauffage des fours, le même traitement que le gaz d'éclairage. Telle est l'origine de la récupération des sous-produits de la fabrication du coke, dont l'idée date de 1856 et est due à Knab. Celui-ci fit ses premières expériences à Commentry avec un four d'usine à gaz, modifié en vue de substituer le chauffage au gaz au chauffage au coke. Mais, dans ce four, chauffé uniquement par la sole, le charbon, disposé en couches minces, se boursouflait

et ne donnait qu'un coke friable, impropre aux usages métallurgiques.

Four Carvès. — Carvès, acquéreur des brevets Knab, réalisa le premier la question d'une façon pratique. Sa première batterie fut construite à Bessèges en 1867 ; le four Carvès est du type belge à carneaux horizontaux (fig. 6). Les gaz sortent du four par une

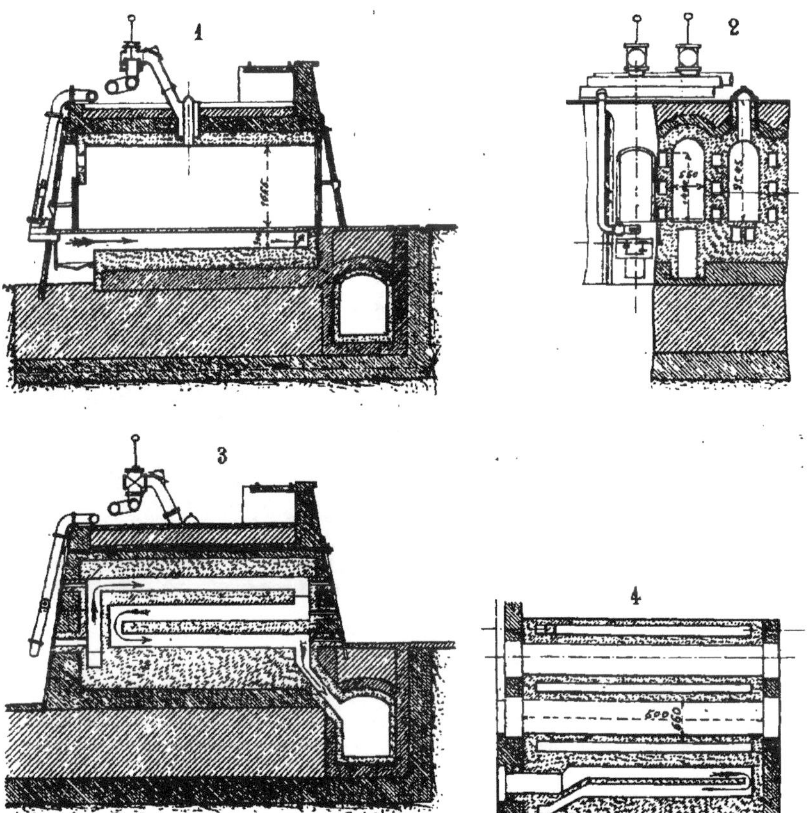

Fig. 6. — FOURS A COKE, SYSTÈME CARVÈS.
(Extrait du Cours Jordan).

ouverture centrale au sommet de la voûte, passent dans le barillet, sont dépouillés dans une série de condenseurs des produits qu'ils laissent déposer à la température ordinaire, puis reviennent au four; ils entrent sous la sole en passant sur de petites grilles d'allumage, la parcourent deux fois dans sa longueur, puis montent dans les piédroits, où ils circulent successivement de haut en bas dans trois carneaux horizontaux superposés ; ils s'échappent enfin à la cheminée. L'opération, conduite lentement pour éviter la décomposition du goudron, dure trois jours.

Les « fours à goudron » ne se répandirent que lentement, ayant

Fig. 7. — Batterie de 140 fours a récupération.

Cette batterie se compose de 120 fours type Mines de Lens, à carneaux horizontaux, et de 40 fours Otto, à carneaux verticaux, construite en 1900 et 1903 ; tous sont à récupération de sous-produits. Les flammes perdues traversent des chaudières Mathot, placées en arrière des fours. — La photographie montre, au milieu de la batterie, les grands silos contenant la réserve de charbon. On y voit bien les colonnes montantes des fours et les barillets.

contre eux le préjugé des ingénieurs métallurgistes, d'ailleurs parfaitement fondé à l'origine ; leur développement ne date que de 1880, époque où ils furent introduits en Allemagne avec le four Otto ; les premiers fours Smet-Solvay, construits dans le Nord de la France, furent établis à Drocourt, en 1893.

A la récupération du goudron et de l'ammoniaque se joint maintenant dans la plupart des cokeries celle du benzol. Elle est basée sur l'affinité du benzol pour les huiles lourdes de goudron, propriété qui fut utilisée pour la première fois par l'Allemand Franz Brunck, en 1887. Remarquons qu'il ne peut être question d'enlever au gaz d'éclairage le benzol qui intervient pour 65 % dans son pouvoir éclairant.

La figure 7 donne une idée de la disposition générale d'une batterie de fours à récupération.

Dans les fours à récupération modernes, on recueille en moyenne les quantités suivantes de sous-produits :

goudron, 4 % du poids du coke,
sulfate d'ammoniaque, 1,5 %,
benzol, 0,8 à 0,9 %.

Par contre la production de vapeur est plus faible que dans les fours ordinaires ; on a en effet supprimé du gaz une partie de ses éléments combustibles ; la production de vapeur est moyennement de 0,700 kg. par kg. de charbon enfourné. Cette quantité de vapeur permet, tous les services de l'usine à récupération assurés, de disposer d'une puissance d'environ 10 HP par four.

Fig. 8.

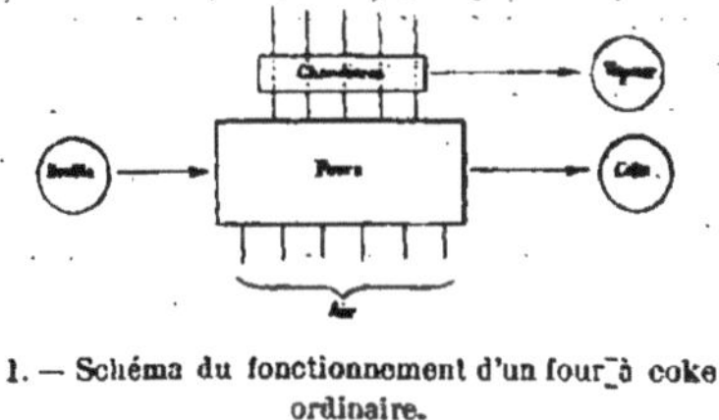

1. — Schéma du fonctionnement d'un four à coke ordinaire.

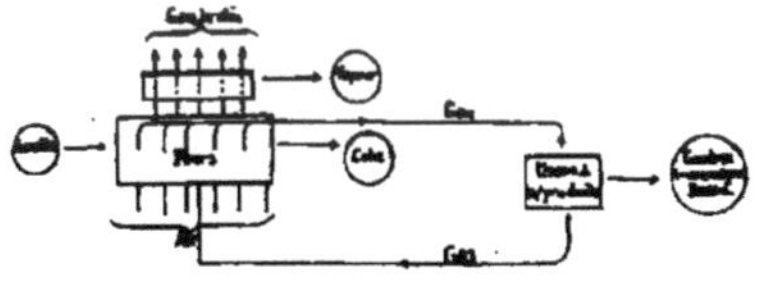

2. — Schéma du fonctionnement d'un four à récupération de sous-produits.

Les fonctionnements du four ordinaire avec utilisation des flammes perdues et du four à récupération de sous-produits sont indiqués par les schémas 1 et 2 de la figure 8.

12. *Gaz en excès. Régénération de la chaleur.* — On peut, avec les fours à récupération, utiliser d'une manière un peu différente la chaleur disponible du gaz ; au lieu de renvoyer aux fours la totalité de ce gaz à la sortie de l'usine à récupération, on peut n'y renvoyer que la quantité strictement nécessaire pour la marche des opérations et en distraire le restant pour l'employer à d'autres usages. Ainsi apparaît la notion du gaz en excès.

La quotité de gaz qu'on peut ainsi prélever est toutefois assez faible. Si on utilise en effet 50 % de la chaleur de combustion des gaz à produire de la vapeur, cela ne veut pas dire que l'on puisse distraire 50 % du gaz. Étant donnée la température élevée des carneaux de chauffage, les gaz brûlés emportent toujours aux chaudières une partie de leur chaleur de combustion, sous forme de chaleur sensible. Avec du charbon à 25 % de matières volatiles, M. Reumaux, dans de nombreux essais effectués aux Mines de Lens, en 1898, a mesuré un excès de gaz de 12 %. Avec du charbon à 30 % de matières volatiles, cet excès peut atteindre 20 % ; par contre, avec du charbon à moins de 20 % de matières volatiles, il est nul.

Il y a un moyen d'augmenter la quantité de gaz en excès, c'est d'appliquer au four à coke le principe du régénérateur Siemens, combinaison dont la première réalisation remonte à 1881 et est due à Hoffmann. Dans le four Otto-Hoffmann (fig. 9), les gaz brûlés, au lieu de chauffer des chaudières, circulent dans des empilages réfractaires, nommés improprement régénérateurs, et leur cèdent la plus grande partie de leur chaleur sensible. Les régénérateurs sont à inversions périodiques. Dans la première phase, ils reçoivent les gaz brûlés et leur température s'élève ; les gaz refroidis s'échappent à la cheminée. Dans la seconde, les gaz et l'air traversent ces empilages et s'échauffent, avant de venir brûler dans les carneaux du four. Le four ainsi constitué prend le nom de four à récupération de sous-produits et à régénération de chaleur.

Dans les premiers fours Otto-Hoffmann, on faisait circuler dans les

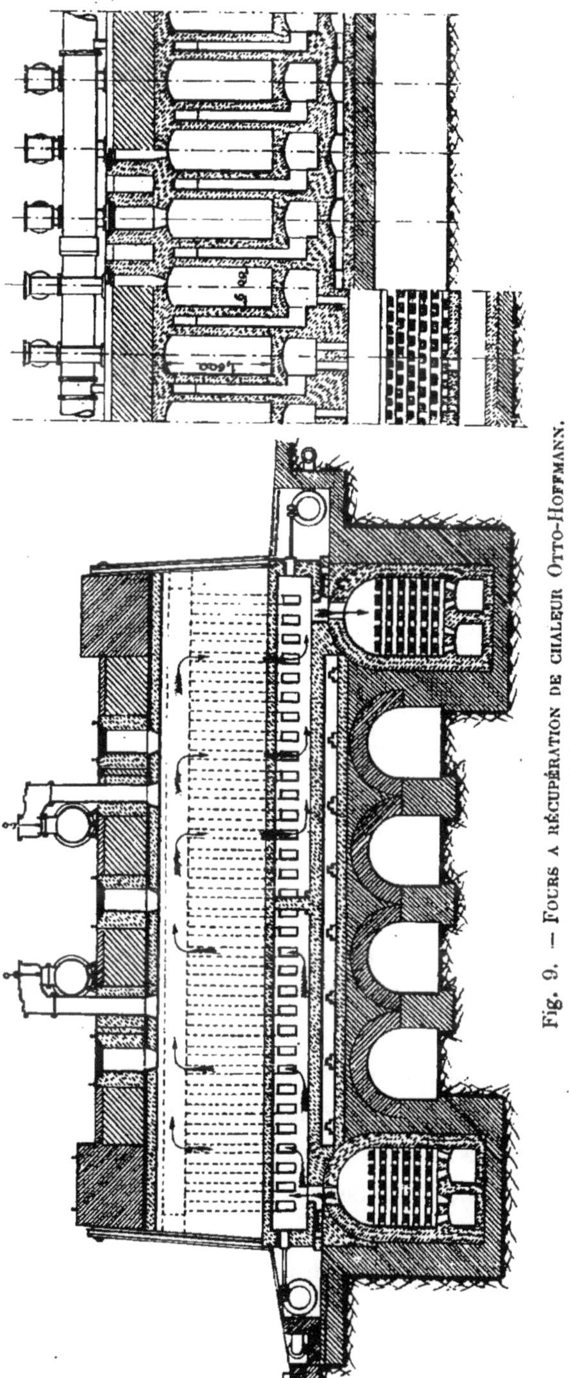

Fig. 9. — Fours à récupération de chaleur Otto-Hoffmann.
(Extrait du Cours Jordan).

régénérateurs l'air et le gaz, comme dans les fours Siemens de verrerie ou dans les fours Martin. On renonça rapidement à chauffer le gaz ; il y avait danger d'explosion à chauffer, dans une enceinte non étanche et non loin de son point de combustion, un gaz aussi riche en hydrogène. D'ailleurs, le gaz de fours à coke exigeant pratiquement pour brûler 5 à 6 fois son volume d'air, l'avantage qu'il y avait à chauffer le gaz n'excédait pas le quart de celui qu'on réalise en chauffant l'air. Les fours dérivés de l'idée d'Hoffmann sont, à proprement parler, des fours à air chaud. Ils permettent pratiquement d'obtenir une proportion de gaz en excès de 40 à 50 %.

Cette idée ne venait toutefois pas à son heure et l'importance de la régénération resta inaperçue, faute de savoir tirer convenablement parti du gaz en excès qu'elle procure. Brûlé sous des chaudières, ce gaz produit 0 kg 660 de vapeur par kg de charbon, c'est-à-dire moins que les flammes perdues d'un four ordinaire à récupération. Ce n'est que 20 ans plus tard, vers 1900, que la mise au point de l'emploi du gaz de fours à coke dans les moteurs à explosion, puis de ses applications à l'éclairage et au chauffage industriel, donna à la régénération toute sa portée pratique, en montrant la valeur du gaz en excès.

13. — Par l'emploi direct du gaz de fours à coke dans des moteurs, on peut produire, en marche industrielle et courante, le kwh aux barres du tableau avec une dépense de 1 m³. C'est deux fois à deux fois et demie plus qu'on n'obtiendrait en brûlant ce gaz sous des chaudières et utilisant la vapeur dans des turbines. La difficulté était de construire un moteur résistant aux chocs et aux pressions que développe l'explosion du gaz dans les cylindres. La voie fut montrée par la grande industrie métallurgique ; la première réalisation d'un moteur à gaz de forte puissance, due aux efforts combinés d'un ingénieur français, M. Delamarre-Deboutteville, et des ingénieurs de la Société Cockerill, fut faite en 1899 à l'usine de Seraing. Ce moteur marchait au gaz de haut-fourneau.

Fig. 10. — Station centrale de moteurs a gaz de fours a coke.

Cette station centrale, établie à Pont-à-Vendin, en 1910, pour utiliser les gaz en excès de 140 fours Koppers à régénération de chaleur, comprend actuellement trois moteurs à deux cylindres à double effet en tandem, d'une puissance unitaire de 800 kilowatts, construits par le Maschinenfabrik Augsburg-Nürnberg. Deux moteurs à 4 cylindres à double effet en deux lignes jumelées, de la même marque et d'une puissance unitaire de 1800 kilowatts, sont en montage ; ils ont été commandés à la Société Générale de Constructions, à Paris.

L'emploi du gaz de four à coke dans de grands moteurs ne vint qu'un peu après et ne se développa qu'assez lentement. Deux difficultés, spéciales à ce gaz, en furent la cause : les traces de goudron qu'il contient provoquent rapidement l'encrassement des soupapes ; l'hydrogène sulfuré, en brûlant, donne lieu à la production d'acide sulfureux qui attaque les métaux. Il est nécessaire d'éliminer ces produits nuisibles aussi complètement que possible, la teneur en goudron ne doit pas dépasser 0,02 gr. par m^3 de gaz ; celle en soufre, 0,2 gr. L'épuration du gaz se fait, comme dans les usines à gaz, avec du minerai de fer des prairies ou sesquioxyde de fer, qui absorbe le soufre en formant du sulfure de fer. On revivifie la masse périodiquement en la soumettant à l'action de l'air. On diminue maintenant la fréquence de ces opérations, qui nécessitent de coûteuses manutentions en introduisant 2 % d'air dans le gaz avant son entrée dans les caisses d'épuration, opérant ainsi la revivification en marche.

La figure 10 représente la station centrale de moteurs à gaz des Mines de Lens, qui utilise le gaz en excès d'une batterie de 140 fours Koppers ; elle comprend actuellement trois moteurs de 1.200 HP ; dans quelques mois, doivent être mis en service deux nouveaux moteurs de 2.500 HP et la puissance totale de la centrale sera de 8.600 HP.

14. — Vers 1900 aussi, une idée, jusque-là assez rarement réalisée, parut devoir prendre une grande importance, l'utilisation du gaz de four à coke pour l'éclairage des villes. Déjà, il y avait quelques exemples, la Société de Blanzy à Montceau-les-Mines, la mine Erin à Castrop, de Compagnies houillères alimentant des réseaux d'éclairage urbain quand la grande installation d'Everett, près de Boston, attira vivement l'attention des ingénieurs gaziers. Les essais et publications du Docteur Schniewind élucidèrent nettement la question. Le gaz de four à coke présente de grandes analogies de

composition avec le gaz d'éclairage ; il renferme les mêmes éléments, mais dans des proportions différentes : moins d'hydrocarbures éclairants et plus d'hydrogène, dû à une température plus élevée et à une carbonisation plus prolongée ; plus d'azote, dû aux rentrées d'air, surtout à la fin de l'opération quand le dégagement du gaz est très ralenti. Son pouvoir calorifique est en moyenne de 4.000 calories, alors que l'on en exige 5.000 pour le gaz d'éclairage. Le gaz de four à coke n'est donc pas utilisable tel quel, comme gaz de ville. Mais la composition du gaz dégagé varie au cours de la distillation et le gaz des premières heures présente des propriétés sensiblement identiques à celles du gaz d'éclairage. Le problème industriel de l'utilisation du gaz de four à coke, pour l'éclairage, consiste donc à recueillir séparément ce gaz riche des premières heures. Les fours sont munis, à cet effet, d'un double barillet permettant de faire le fractionnement ; le gaz est généralement recueilli, pour l'éclairage, de la 3me à la 18me heure ; il correspond sensiblement en volume à 50 % du gaz dégagé, soit à la totalité de l'excès de gaz que donnent les fours avec régénérateurs.

Cette application du gaz de four à coke a pris, en ces dernières années, une grande extension ; dans la Westphalie, un grand nombre de villes du bassin de la Ruhr sont éclairées au gaz de fours, qui est transporté dans des conduites sous pression à de grandes distances, jusqu'en dehors de la région minière. C'est ainsi que la populeuse agglomération de Barmen-Elberfeld est alimentée par une conduite d'une longueur de 50 kilomètres, qui lui amène le gaz des fours à coke de la mine Deutscher-Kaiser, à Hamborn. Citons encore les villes d'Essen, Bochum, Gelsenkirchen, Mülheim-sur-Ruhr, etc...

La Belgique a suivi l'exemple de l'Allemagne. Ostende, Mons, Liége reçoivent leur gaz d'éclairage de cokeries voisines.

La première application en France, utilisant le fractionnement du gaz, a été faite par la Compagnie des Mines de la Roche-la-Molière, qui, depuis 1913, éclaire Firminy et alimentera bientôt St-Étienne.

Les cokeries du Nord suivent l'exemple, et on peut prévoir que, dans un avenir prochain, la plupart des villes du bassin du Pas-de-Calais et de la région voisine seront éclairées par du gaz de four à coke.

Je vous montrerai l'importance de la question par le rapprochement suivant. Les usines de carbonisation de la Société des Mines de Lens fabriquent 600.000 tonnes de coke par an. Transportées dans la plaine de Gennevilliers, elles seraient capables, en admettant que tous les fours soient à régénération de chaleur, de fournir tout le gaz que produit l'Usine de Gennevilliers — plus de 125.000.000 de m^3 par an — et d'alimenter toutes les communes desservies par la Compagnie du gaz de la banlieue.

15. — Comme gaz de chauffage enfin, le gaz de four à coke est précieux, en raison de sa haute température de combustion, pour les opérations industrielles qui nécessitent la mise en œuvre de températures élevées ; c'est ainsi qu'il est employé avec succès, depuis quelques années, dans les fours de verrerie, et en métallurgie, dans les fours Martin et les fours à réchauffer.

16. — La valeur du gaz de four à coke pour ses diverses applications a conduit à la notion du four Compound (Regenerativ-Compound-Ofen des allemands) dans lequel tout le gaz est réservé à des usages divers : éclairage, chauffage, moteurs, le chauffage du four étant assuré par un autre combustible, gaz de gazogène ou gaz de haut-fourneau. C'est là le fin du fin ; arrivé à ce point, le four à coke n'offre plus de différence de principe avec les fours à chambre des usines à gaz modernes.

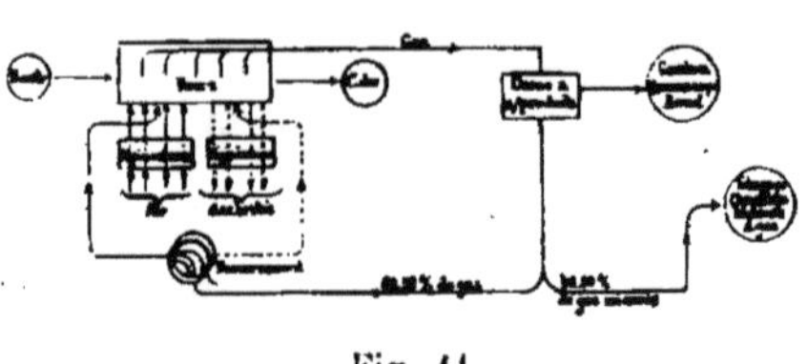

Fig. 11.
Schéma du fonctionnement des fours à récupération et à régénérateurs.

Le schéma de fonctionnement des fours à régénération de chaleur est représenté par la fig. 11. On ne produit plus de vapeur, mais en même temps que du goudron, de l'ammoniaque et du benzol, le four livre une quantité de gaz qui varie de 40 à 50 % du gaz que donne le charbon enfourné.

17. *Four à régénérateur collectif. Four Otto.* — Je décrirai maintenant deux des fours modernes les plus répandus.

Les régénérateurs peuvent présenter deux dispositions : être collectifs par batterie ou spéciaux à chaque four.

Du premier type sont, par exemple, les fours Otto et Coppée ; du second, le four Koppers.

Dans le four Otto (fig. 12), les régénérateurs sont disposés longitudinalement, de part et d'autre de la batterie des fours. Ils sont en communication avec un double système de canaux horizontaux placés de part et d'autre de chaque piédroit, sous la sole des fours. Ces canaux sont eux-mêmes en communication avec les points où aboutit le gaz. L'un des canaux de sole amène en ces points l'air qui a traversé les régénérateurs. La canalisation de gaz est double. Tout est disposé de telle façon que, à chaque moment, la moitié seulement des carneaux verticaux soient alimentés de gaz. Dans l'exemple de la figure, ce sont les carneaux du premier et du troisième quarts. Les gaz brûlés montent dans ces carneaux, redescendent dans ceux qui leur font suite (2me et 4me quarts du four), gagnent le second canal horizontal sous la sole et par là le régénérateur de l'autre côté des fours et enfin la cheminée.

Quand le régénérateur où circule l'air est refroidi jusqu'à un degré qu'on s'est fixé, on fait une inversion. L'autre moitié des carneaux est à son tour alimentée de gaz et d'air et l'empilage refroidi reçoit les gaz brûlés qui lui restituent les calories enlevées par l'air dans la première phase. Dans les fours Otto, le nombre des carneaux verticaux est de 16.

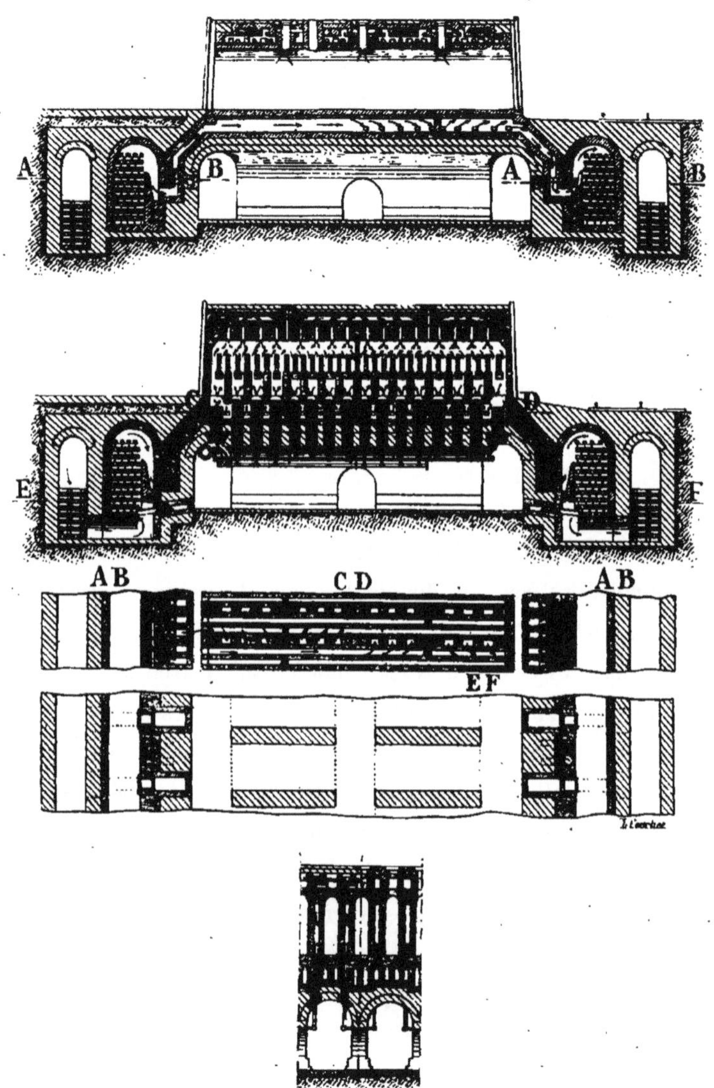

Fig. 12. — Four Otto.

18. *Fours à régénérateurs spéciaux. Fours Koppers.* — Le four Koppers (fig. 13) réalise la conception du régénérateur spécial à chaque four.

La paroi de séparation des fours comporte 30 carneaux verticaux. De la canalisation L de gaz se détachent, en face de chaque paroi, des tuyaux *g* en fer étiré ; sur chaque tuyau se trouvent deux robinets.

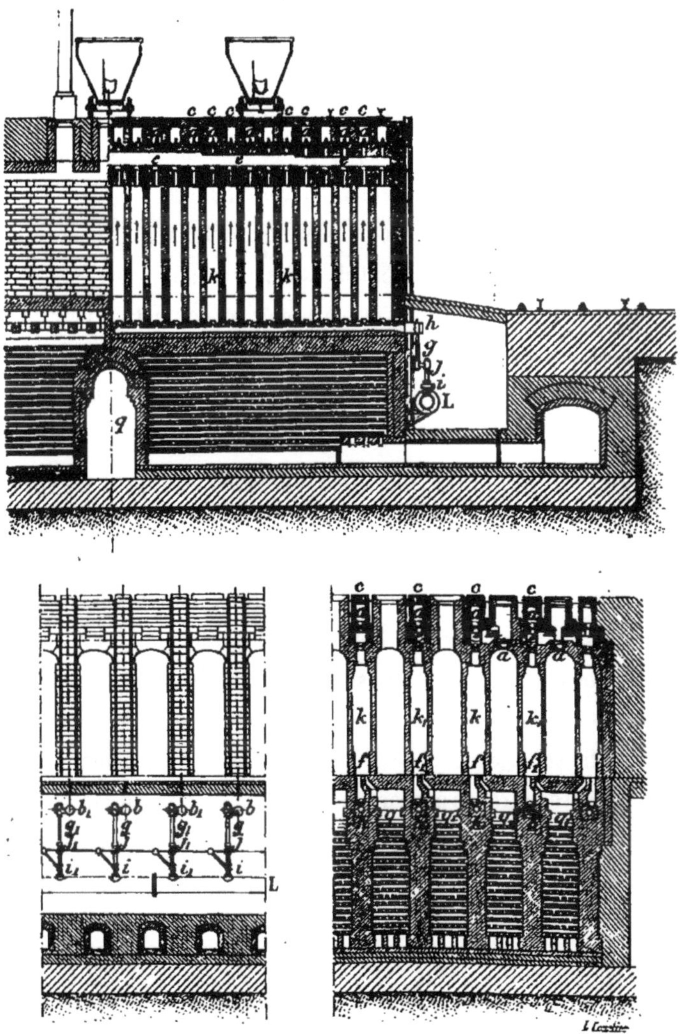

Fig. 13. — Fours Koppers.

L'un *i* ouvre ou ferme complètement l'entrée des gaz dans le tuyau *g* et sert au renversement de la marche. L'autre *j* règle le débit des gaz. Les robinets *i* sont munis de solides clefs en acier, reliées toutes entre elles par un câble métallique, qui s'enroule sur un tambour placé à l'extrémité de la batterie. Ce tambour, par un mouvement de rotation produit par de petites dynamos, à intervalles réguliers de 30 minutes, ouvre et ferme alternativement tous ces robinets. Pendant une demi-heure, les robinets d'avant de la batterie sont ouverts, ceux d'arrière fermés ; dans la demi-heure suivante, les robinets d'avant sont fermés, ceux d'arrière ouverts.

Les gaz arrivent dans des conduits horizontaux *h*, disposés à la base de chaque paroi et montent dans les carneaux verticaux d'une moitié de la paroi *n*, après s'y être allumés au contact de l'air chaud qui sort des régénérateurs *q* par les ouvertures *f*. Les gaz brûlants se rassemblent dans le carneau horizontal *e*, puis ils descendent par les carneaux verticaux de l'autre moitié de la paroi et se répandent dans les régénérateurs *q*, où ils abandonnent leur calorique avant de se rendre à la cheminée.

Toutes les demi-heures, la marche des gaz et de l'air est renversée automatiquement. Les robinets *i* sont alternativement ouverts et fermés, les registres des conduits d'appel *p* alternativement baissés et levés ; tous ces mouvements se font successivement et automatiquement.

A la partie supérieure des carneaux se trouvent de petits registres en brique réfractaire permettant de régler la section de manière que le tirage de la cheminée se répartisse uniformément sur tous les carneaux.

On calcule le volume des empilages et la surface offerte successivement au gaz brûlé et à l'air (surface de régénération) de façon que l'air de combustion soit porté à 1.000° et que les gaz quittent le régénérateur à 300° au plus.

La figure 14 représente une batterie de 140 fours Koppers, du type

Fig. 14. BATTERIE DE 140 FOURS KOPPERS, A RÉCUPÉRATION DE SOUS-PRODUITS ET RÉGÉNÉRATION DE CHALEUR.

Ces fours, construits en 1907, donnent un excès de gaz de 400.000 mètres cubes par jour environ, qui est utilisé directement dans des moteurs à gaz. La photographie montre, au premier plan, une opération de défournement ; le saumon de coke sort incandescent du four, des ouvriers l'arrosent à la lance. On voit un peu plus loin du coke défourné depuis un certain temps et éteint ; des ouvriers le reprennent à la brouette et le chargent dans des wagons placés sur une voie en contre-bas de l'aire de défournement.

à récupération de sous-produits et régénération de chaleur, dont je viens de vous donner la description.

RÉCUPÉRATION DES SOUS-PRODUITS

19. — La récupération des sous-produits s'opère essentiellement par réfrigération et lavage des gaz, d'abord par réfrigération, afin de condenser et de séparer les constituants goudronneux, ensuite par certains procédés de lavage, afin de recueillir l'ammoniaque et le benzol.

La figure 15 représente schématiquement la suite des opérations.

Goudron. — La réfrigération du gaz commence déjà dans le barillet collecteur au-dessus des fours, par l'action refroidissante de l'air extérieur, et se continue dans la tuyauterie exposée à l'air, par laquelle circule le gaz pour se rendre à l'usine de récupération. Le gaz quitte le barillet à la température de 180° et entre à l'usine de récupération à 70°. Les fractions les moins volatiles du goudron se sont déposées, ainsi qu'une partie de la vapeur d'eau contenue dans le gaz. En outre de l'eau hygrométrique que contient le charbon enfourné (10 à 14 % du poids du charbon), il s'en forme encore 4 % environ pendant la distillation par combinaison des éléments du charbon (eau de formation). Cette eau condensée tient en dissolution une partie de l'ammoniaque du gaz.

La réfrigération complète du gaz à la température ordinaire s'opère dans des condenseurs ; dans une première série d'appareils, on utilise l'action réfrigérante de l'air extérieur. Le gaz circule dans des tuyauteries, disposées en jeux d'orgue ou condenseurs annulaires, offrant une grande surface de refroidissement, il en sort à 55°. Dans une seconde série d'appareils (condenseurs tubulaires), le gaz est soumis à l'action d'un courant d'eau froide qui circule à l'intérieur

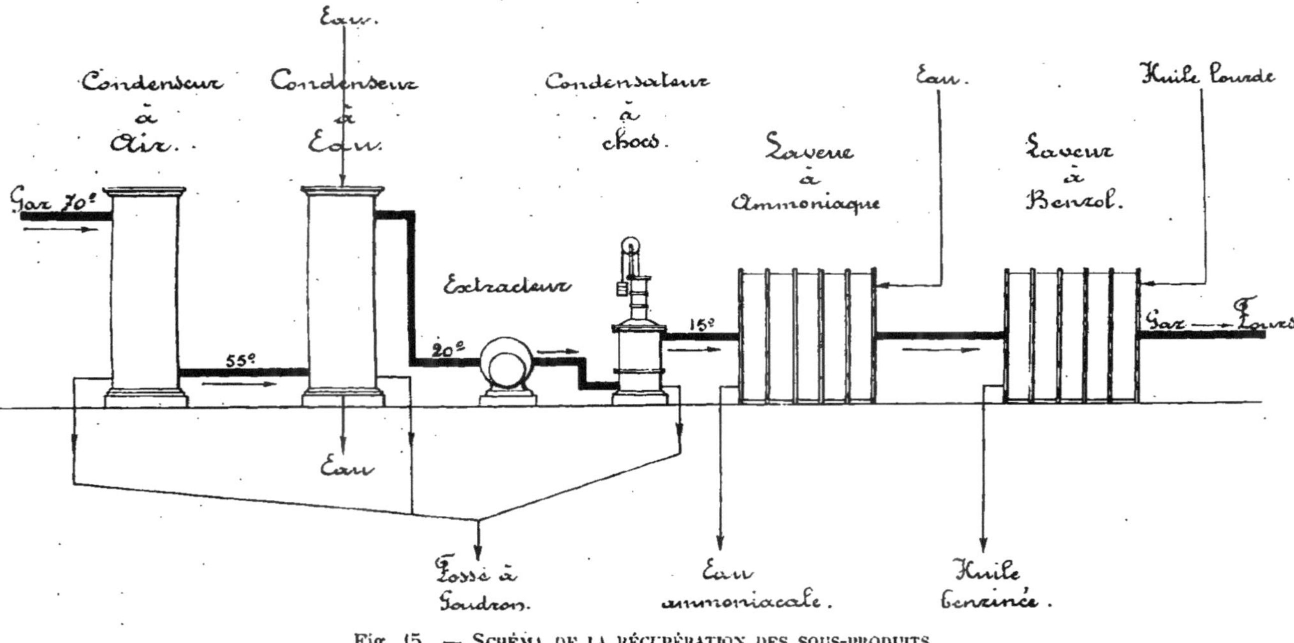

Fig. 15. — SCHÉMA DE LA RÉCUPÉRATION DES SOUS-PRODUITS.

des tubes, en sens inverse du courant gazeux circulant à l'extérieur, de telle sorte que le gaz est en contact avec de l'eau de plus en plus froide. Le gaz sort des condenseurs tubulaires à 20° et traverse l'extracteur.

Le gaz, au sortir des condenseurs à eau, contient encore un peu de goudron en particules très fines qu'on ne peut condenser par refroidissement. On en obtient la séparation mécaniquement, en faisant passer le gaz dans un condenseur à chocs, où il est obligé de traverser successivement deux cloches concentriques en tôle perforée, dont les trous sont disposés en chicane, et subit ainsi une série de chocs qui provoquent la condensation des gouttelettes en suspension.

Tous les produits condensés sont envoyés dans un réservoir appelé fosse à goudron, où, par simple repos, le mélange de goudron et d'eau ammoniacale se fractionne par ordre de densité ; le goudron va au fond, l'eau ammoniacale surnage.

20. *Ammoniaque.* — Le gaz contient encore, après ce traitement, la moitié environ de son ammoniaque. On le fait passer par une série de laveurs, dans lesquels l'ammoniaque est récupéré par lavage à l'eau. Ces laveurs sont constitués par un cylindre horizontal, divisé en compartiments par des diaphragmes verticaux. Un arbre horizontal qui traverse tout l'appareil entraîne dans chaque compartiment une sorte de tambour garni de lamelles de bois ou de balais de piazzava, trempant dans le liquide à la partie inférieure. Tandis que le liquide s'écoule de compartiment en compartiment, le gaz circule en sens inverse, entrant par le centre de chaque tambour et sortant par la périphérie ; il doit ainsi traverser les organes du tambour imprégnés de liquide et qui présentent une grande surface de léchage. Les balais sont parfois remplacés par des augets qui déversent le liquide en pluie dans la partie supérieure de chaque compartiment.

On emploie, surtout en Allemagne, un autre système de laveurs, appelés scrubbers ; ils sont formés de récipients en forme de tours, d'une vingtaine de mètres de hauteur, remplis de matériaux appropriés, claies de bois, morceaux de coke, — dans lesquels un courant continu de liquide laveur ruisselle en sens inverse du gaz montant, le liquide étant mis en contact intime avec le gaz par les matériaux de remplissage.

Comme liquide laveur, on utilise dans les premiers laveurs l'eau de condensation ammoniacale venant de la fosse à goudron, tandis que les derniers laveurs sont toujours alimentés d'eau toute fraîche, afin d'enlever sûrement les dernières traces d'ammoniaque. Le liquide qui sort de tous les laveurs est formé d'une solution aqueuse, d'une teneur en poids de 1 % d'ammoniaque. On le recueille dans un réservoir, en vue de son traitement ultérieur, en particulier de la fabrication du sulfate.

21. *Benzol.* — Le gaz, débarrassé du goudron et de l'ammoniaque,

Fig. 16. — Usine a récupération de sous-produits.

La photographie ci-dessus montre une des usines de récupération de la Société des Mines de Lens, à Vendin-le-Vieil (groupe des usines du n° 8). On voit, à droite, les extracteurs et leurs machines motrices; au fond, la cloche verticale du condenseur Pélouze; à gauche, les laveurs Standard pour l'ammoniaque et le benzol.

est enfin traité pour la récupération du benzol. L'extraction du benzol est basée sur l'affinité particulière des vapeurs de benzol pour certaines huiles lourdes de goudron, bouillant entre 140 et 220°.

Le lavage du gaz à l'huile se fait dans des appareils identiques à ceux que nous avons décrits pour le lavage à l'eau. L'opération doit être faite sur le gaz refroidi à 25°. Les huiles de lavage se chargent de benzol à raison de 16 à 25 grammes par litre, suivant leur qualité. On les recueille dans des réservoirs, d'où on les reprendra pour en extraire, par distillation, le benzol brut.

Le gaz, au sortir des laveurs à benzol, est renvoyé aux fours, pour être brûlé dans les piédroits. Quand il s'agit de fours à régénération de chaleur, le gaz en excès est recueilli dans un gazomètre.

La figure 16 donne une vue intérieure d'une des usines à récupération de sous-produits des Mines de Lens.

22. *Usine à sulfate.* — Les produits obtenus par le traitement du gaz doivent être transformés en produits marchands.

L'eau ammoniacale recueillie dans les laveurs est, en majeure partie, transformée en sulfate d'ammoniaque ; une petite partie est concentrée pour servir de matière première dans l'industrie de la soude à l'ammoniaque et des explosifs au nitrate d'ammoniaque.

Pour préparer le sulfate, on distille la solution ammoniacale dans une colonne à plateaux, analogue à celles que l'on utilise pour la distillation de l'alcool (fig. 17).

Les vapeurs d'ammoniaque se dégagent et, après passage dans un échangeur de température, sont conduites dans le saturateur, contenant un bain d'acide sulfurique à 40° B, où se forme le sulfate ; celui-ci se sépare sous forme d'un sel blanc cristallisé, lorsque la concentration du bain est suffisante. Ce sel est séché dans une essoreuse, puis emmagasiné dans un local chauffé.

Si l'on fabrique de l'eau concentrée, les vapeurs ammoniacales sont absorbées par de l'eau distillée.

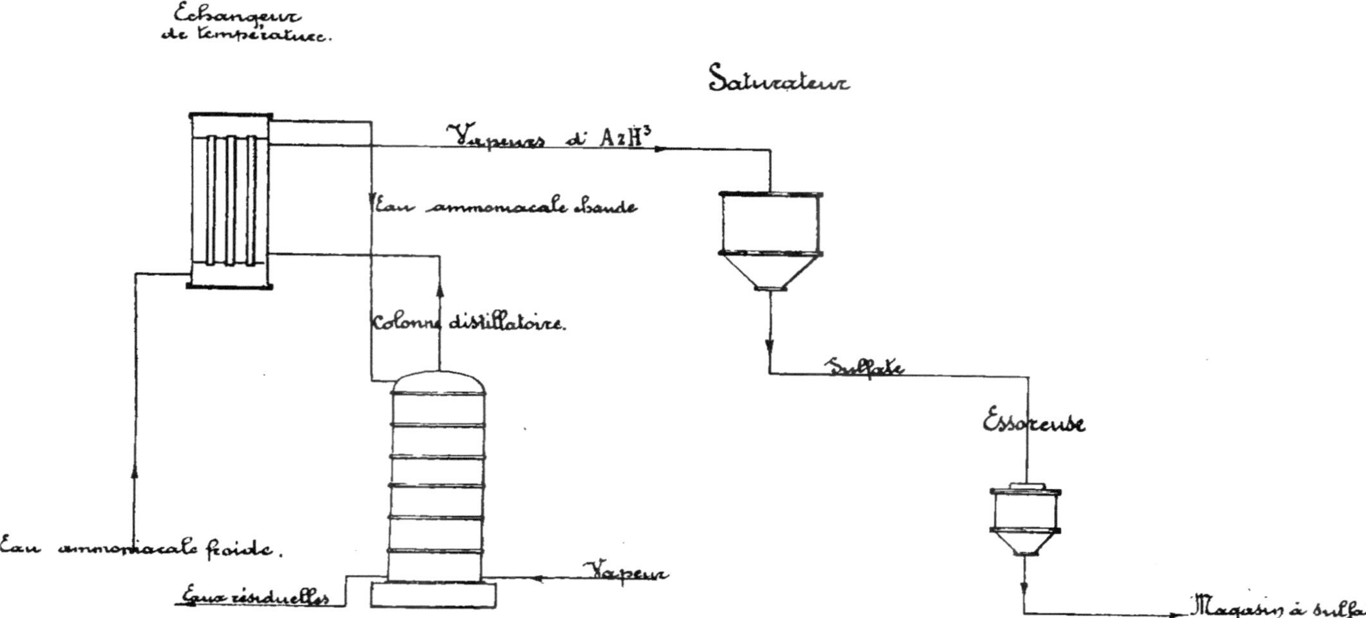

Fig. 17. — Schéma de l'usine a sulfate.

23. *Sulfatation directe.* — C'est là le procédé courant; on en voit de suite l'inconvénient. Pour obtenir les vapeurs d'ammoniaque qu'on envoie au saturateur, il faut passer par une série d'opérations assez complexes, d'abord lavage du gaz avec une grande quantité d'eau, puisque celle-ci ne retient que 10 kilogs d'ammoniaque par mètre cube, puis distillation de cette eau. On s'est demandé s'il n'était pas possible, puisque le gaz renferme précisément l'ammoniaque à l'état de vapeur, d'arriver directement à la formation du sulfate, en faisant passer le gaz lui-même dans le bain d'acide sulfurique. C'est le principe des procédés dits de sulfatation directe.

La difficulté est que, pour obtenir du sulfate propre, il faut préalablement dégoudronner parfaitement le gaz et que, lors de la séparation du goudron par le procédé ordinaire de refroidissement, le gaz abandonne déjà la moitié de son ammoniaque, absorbée par la vapeur d'eau qui se dépose. Pour que le gaz arrive au saturateur avec toute son ammoniaque, il ne faut donc pas le laisser refroidir en-dessous du point de condensation de sa vapeur d'eau, point qui dépend de sa teneur et qui, pratiquement, est voisin de 80°; d'où la nécessité d'opérer la séparation du goudron à cette température. Divers procédés ont été imaginés; un des plus répandus est celui d'Otto.

Dans ce procédé Otto (fig. 18), le gaz, sortant des fours à 180°, entre vers 80° dans un éjecteur-dégoudronneur ; c'est un cylindre horizontal rempli de goudron sur les deux tiers de sa hauteur. Dans la tubulure d'arrivée du gaz, on fait à l'aide d'un éjecteur une fine pulvérisation du goudron chaud, qui a pour effet de condenser les particules de goudron existant dans le gaz à l'état de brouillard. Le gaz, qui sort de l'éjecteur-dégoudronneur vers 72°, est introduit à cette température dans le saturateur. Les eaux de condensation qui se forment inévitablement dans les conduites et les eaux-mères d'essorage du sulfate sont amenées directement au saturateur. Pour que le bain ne se dilue pas, il faut que le régime de température soit établi de telle sorte qu'il y ait équilibre entre la chaleur dégagée par la réaction de formation du sulfate et la chaleur nécessaire à l'évaporation des eaux introduites.

Le principal avantage des procédés de sulfatation directe est la suppression de la dépense de vapeur. Comme la formation d'une tonne de sulfate exige 250 kilogs d'ammoniaque et nécessite la vaporisation de 25 mètres cubes d'eau, comme d'autre part, pour porter à l'ébullition un mètre cube d'eau, il faut dépenser 250 kilogs de vapeur, c'est finalement une économie de plus de 6 tonnes de vapeur que permet de réaliser le procédé.

Dans une deuxième série de procédés, appelés semi-directs par opposition aux précédents, on sépare le goudron par la méthode ordinaire de réfrigération du gaz; cette réfrigération entraîne la condensation d'une quantité d'eau ammoniacale

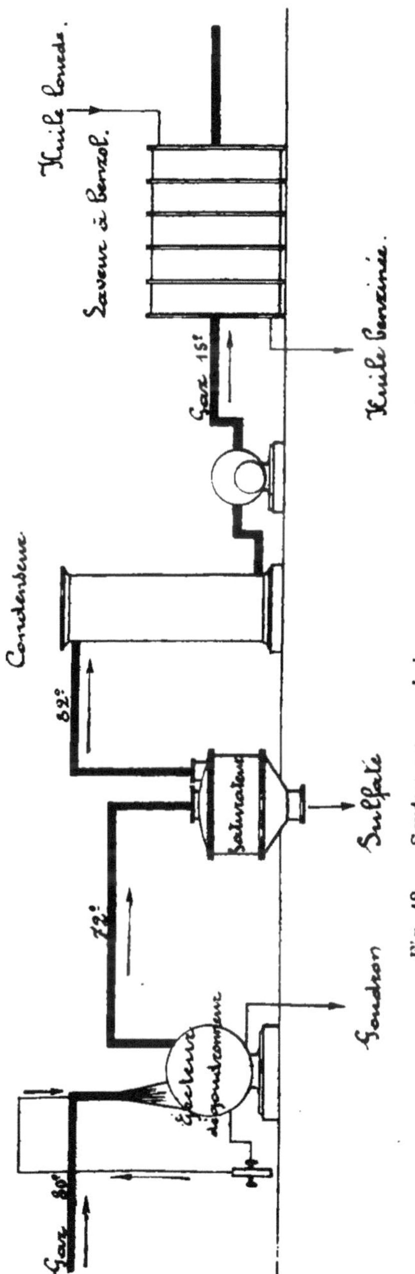

Fig. 18. — Schéma du procédé de sulfatation directe Otto.

qu'on traite par distillation comme dans le procédé ordinaire ou par évaporation en présence du gaz même (procédé Still).

24. *Utilisation du soufre du charbon.* — Avant de terminer ce qui est relatif à la fabrication du sulfate, je mentionnerai enfin les tentatives intéressantes qui sont faites en vue d'utiliser, pour la formation du sulfate, le soufre que contient le charbon en proportions variables, de 0,5 à 3 %. Les procédés Feld et Burkheiser, inventés pour ce but, ne sont pas encore entrés dans la grande pratique industrielle. Leur principal intérêt est une réduction sensible du prix de fabrication du sulfate, par suite de l'économie d'une partie de l'acide sulfurique, que l'on emploie à raison de 1 tonne par tonne de sulfate.

25. *Usine à benzol.* — Nous avons vu que les huiles légères étaient extraites du gaz refroidi par lavage à l'huile lourde de goudron. Pour séparer les huiles légères de leur dissolvant, on fait subir à celles-ci le traitement représenté par le schéma de la figure 19. Les huiles lourdes benzolées, préalablement chauffées à 125°, sont introduites dans une colonne distillatoire à plateaux, où, tant par l'action de vapeur indirecte que par injection directe de vapeur vive, on fait évaporer les huiles légères. On recueille donc d'une part un mélange de vapeurs d'eau et de benzol qui, condensées dans un réfrigérant, sont reçues dans un récipient, où l'eau et le benzol se séparent par ordre de densité ; d'autre part, des huiles lourdes complètement débenzolées, qui, après avoir été amenées à 25° dans un réfrigérant à eau, sont propres à être utilisées de nouveau dans les laveurs. Ainsi, dans le circuit fermé qu'elles parcourent, ces huiles lourdes sont mises en contact une première fois dans les laveurs avec le gaz, dont elles absorbent le benzol, une seconde fois, dans la colonne à distiller, avec une source de chaleur, qui provoque le dégagement de ce benzol.

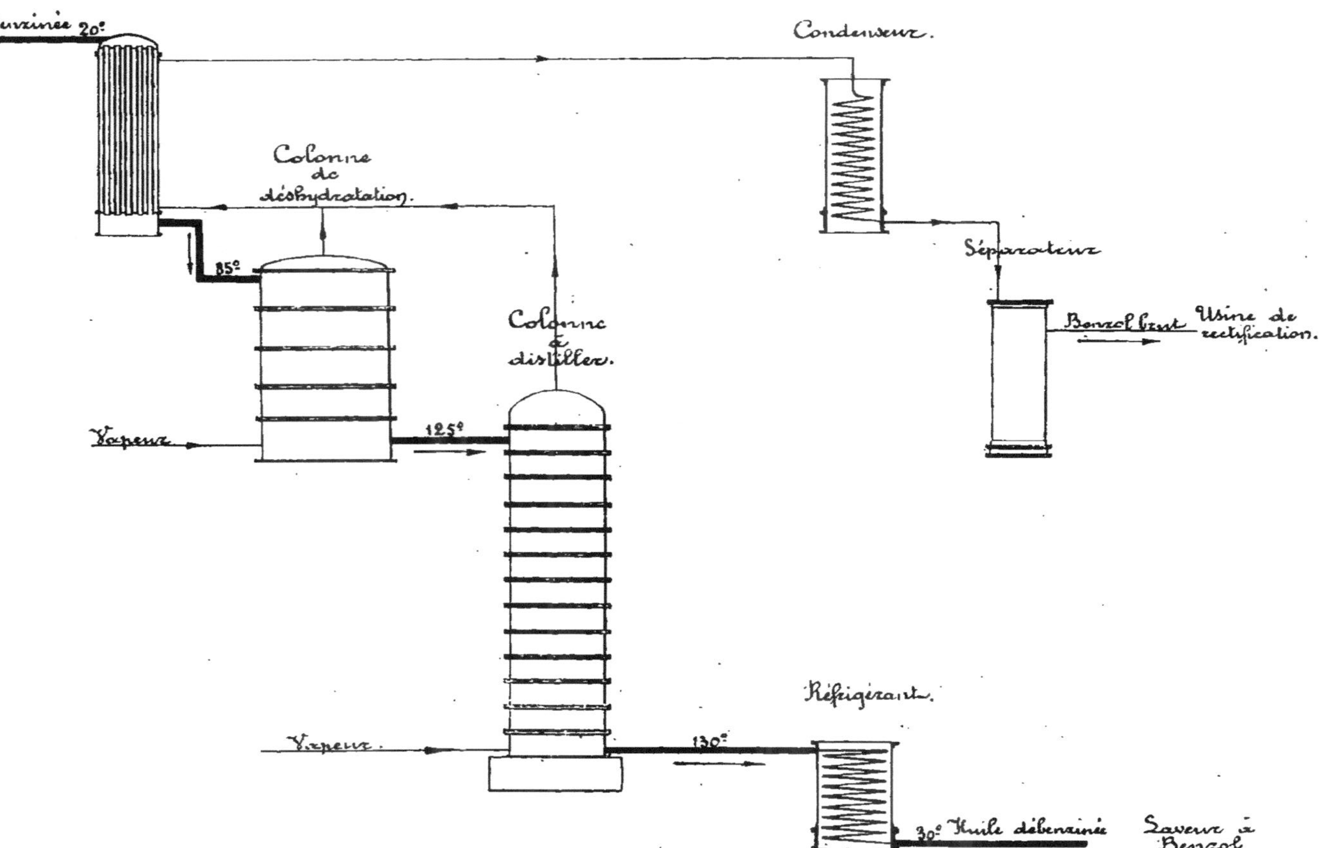

Fig. 19. — Schéma de l'usine a benzol.

On utilise dans un échangeur, appareil à tubes, la chaleur contenue dans l'un des produits sortant de la colonne, huiles chaudes débenzolées ou vapeurs à condenser, pour le chauffage préalable des huiles benzinées ; on récupère ainsi une partie de la chaleur dépensée.

26. *Rectification du benzol.* — L'huile légère, qui a été extraite par évaporation des huiles de goudron, est un mélange de tous les hydrocarbures de la série du benzol, benzène, toluène, xylène, et d'un certain nombre d'impuretés provenant de l'huile de lavage.

Elle est soumise à une première distillation ou rectification dans une chaudière contenant environ 8 tonnes et chauffée par une circulation de vapeur ; la chaudière est surmontée d'une colonne de distillation à plateaux ; les produits moins volatils entraînés s'y condensent et reviennent à la chaudière. L'opération dure 12 heures environ ; on laisse partir les produits de tête, sulfure de carbone, hydrogène sulfuré ; puis on recueille une première fraction, représentant 75 % de l'huile traitée, c'est le benzol brut ; il reste un résidu, huile riche en naphtaline, qui est envoyé aux usines de traitement des huiles de goudron. On fait subir au benzol brut un traitement chimique, pour le débarrasser des impuretés, notamment des combinaisons sulfurées à odeur désagréable qu'il contient ; ce traitement consiste en un lavage à l'acide sulfurique, suivi d'un lavage à la soude pour enlever les dernières traces d'acide, enfin d'un lavage à l'eau.

Le benzol lavé est alors soumis à une seconde rectification dans un second appareil identique à celui qui a servi à la première rectification, mais de moindre contenance et plus haut pour obtenir plus de précision dans le fractionnement. Pour aider l'opération lorsqu'on arrive aux produits à point d'ébullition élevé, on travaille dans le vide, ce qui permet d'abaisser la température.

La figure 20 donne un exemple du fractionnement qu'on peut réaliser.

Le produit de tête, qui représente 85 % du distillat total, est le

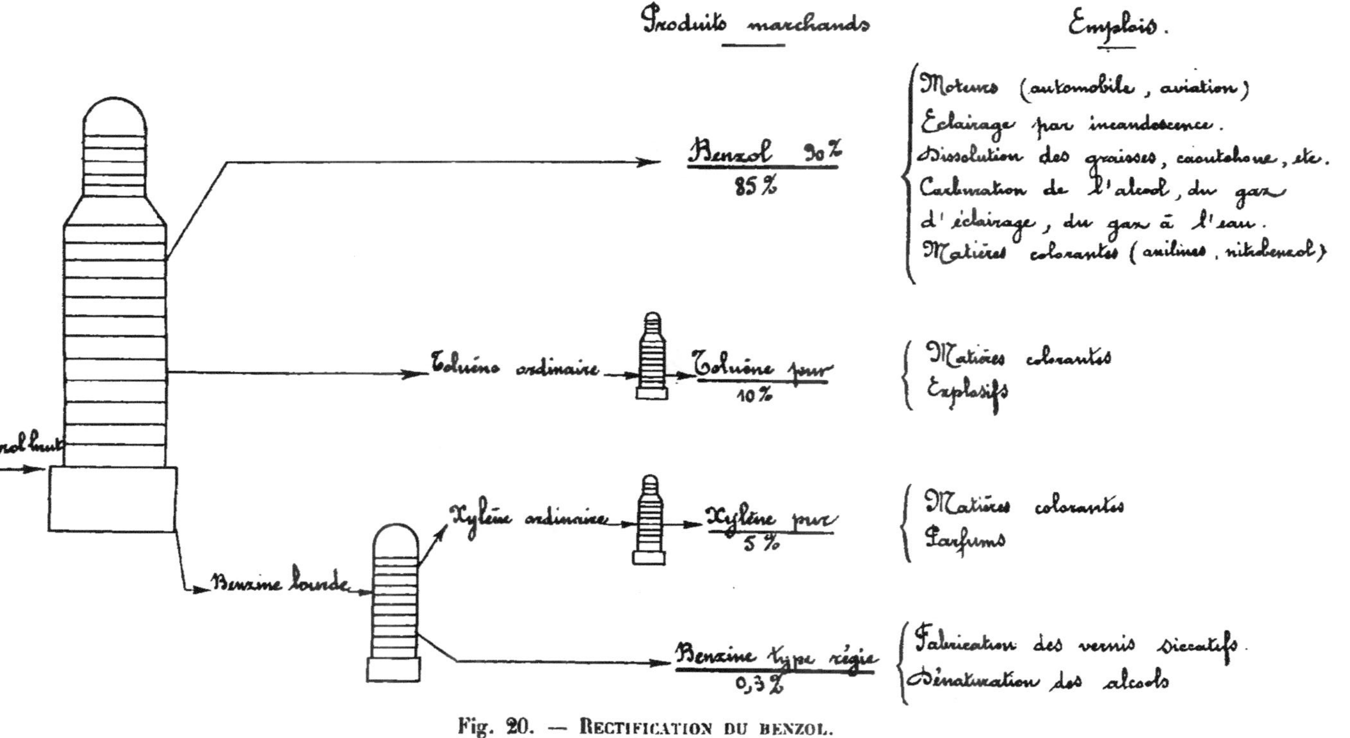

Fig. 20. — Rectification du benzol.

benzol 90 %, c'est-à-dire dont 90 % passent à la distillation avant 100°. Son principal débouché est l'emploi dans les moteurs de traction : les autobus de Paris en font usage en grand. C'est une matière première de l'industrie des couleurs, point de départ de la fabrication de l'aniline et du nitro-benzol. Il est employé enfin pour l'éclairage à l'incandescence, la carburation du gaz d'éclairage et de l'alcool, et comme dissolvant dans l'industrie des graisses, caoutchoucs, etc...

Fig. 21. — USINE DE RECTIFICATION DU BENZOL.

Cette usine traite toutes les huiles légères provenant des quatre usines à benzol de la Société des Mines de Lens. Elle fait partie du groupe des usines de la fosse N° 8.

La photographie montre à gauche les chaudières, d'une contenance de 8 tonnes et surmontées de colonnes d'analyses, qui servent à la première rectification du benzol ; — au fond, l'appareil de seconde rectification, qui traite 8 tonnes par opération et dont la colonne d'analyse, beaucoup plus haute, s'élève jusqu'à l'étage supérieur ; — au premier plan enfin, les éprouvettes de coulées, à l'aide desquelles on fait le fractionnement des produits de la distillation. On voit un ouvrier occupé à faire une prise d'échantillon.

Le second produit qui passe à la distillation est le toluène, que l'on obtient sous forme de toluène pur, représentant 10 % du distillat total, par une nouvelle rectification. C'est une matière première de la fabrication des explosifs et des couleurs.

Vient ensuite le xylène, représentant 5 % du distillat. Pour l'obtenir pur, il faut trois rectifications successives. Il est employé par l'industrie des couleurs et celle des parfums.

Enfin, le produit le plus lourd, la benzine type régie, sert à la dénaturation de l'alcool.

La figure 21 représente l'usine de rectification de benzol de la Société des Mines de Lens.

27. *Usine à goudron.* — Le goudron est un mélange très complexe de corps liquides et solides, dont beaucoup n'ont pas encore été isolés. Il contient, en particulier, des hydrocarbures, — séries du benzol, de la naphtaline, de l'anthracène ; — des corps oxygénés, — phénol, créosote ; — des corps sulfurés thiophène ; — des corps azotés, et notamment des bases organiques, pyridine, etc...

Le goudron est susceptible d'un certain nombre d'applications industrielles directes, dont les principales sont le chauffage et le westrumitage des routes. Ce dernier emploi a pris beaucoup d'extension, particulièrement en Angleterre, par suite du développement de l'automobilisme.

La plus grande partie du goudron, au moins 80 %, est décomposée par distillation fractionnée, en un grand nombre de produits commerciaux.

Avant de soumettre le goudron à la distillation, on doit lui faire subir, dans une chaudière spéciale, une déshydratation préalable ; il renferme en effet 10 % d'eau et, et si on le chauffait rapidement, la vapeur d'eau émulsionnerait le liquide visqueux en formant une sorte de mousse qui se répandrait dans les appareils suivants. Le goudron déshydraté est placé dans de grands alambics d'une contenance moyenne de 20 tonnes, chauffés à feu nu : aux grilles à charbon et à coke, on a substitué dans les installations nouvelles le chauffage au gaz ou aux huiles de goudron ; le fond de l'alambic est bombé pour éviter les coups de feu. Les vapeurs qui se dégagent se condensent dans un réfrigérant ; on les recueille par fractions, dans des réservoirs séparés, en se basant sur la température dans le dôme de l'alambic ; un thermomètre indique cette température. Vers la fin on injecte de la vapeur dans la masse. Pour aider l'opération lorsqu'on arrive aux produits à point d'ébullition élevé, c'est-à-dire à partir de 200-250°, on distille souvent dans le vide, ce qui permet d'abaisser la température de 100° à la fin de l'opération.

Le fractionnement de goudron varie suivant la nature des produits commerciaux que l'on veut obtenir. La figure 22 en donne un exemple courant.

En dehors du produit de tête, les huiles légères, qui sont envoyées à l'usine à benzol, et de la fraction de queue, le brai, qui représente 55 % du poids du goudron et qui est surtout employé pour la fabrication des briquettes, le goudron donne trois sortes d'huiles, dont deux laissent déposer par refroidissement, dans des bacs de cristallisation, des produits solides, qui servent à la fabrication de la naphtaline et de l'anthracène.

La naphtaline brute est d'abord turbinée, pour éliminer la plus grande partie de l'huile qu'elle contient, puis pressée à chaud. Sous cette forme, elle a été récemment utilisée comme combustible dans les moteurs Diesel.

La naphtaline pressée est purifiée par un traitement chimique, lavage à l'acide sulfurique, puis à la soude caustique et à l'eau. Elle est enfin redistillée ; la partie moyenne qui représente la naphtaline est fondue en plaques, qu'on transforme en poudre, bougies ou billes. Les vapeurs donnent naissance à des paillettes sublimées. L'industrie des matières colorantes absorbe 90 % de la production de la naphtaline pour la fabrication de l'indigo et des noirs au soufre. Le reste sert à divers emplois, entre autres à la conservation des peaux, à la fabrication des explosifs, etc...

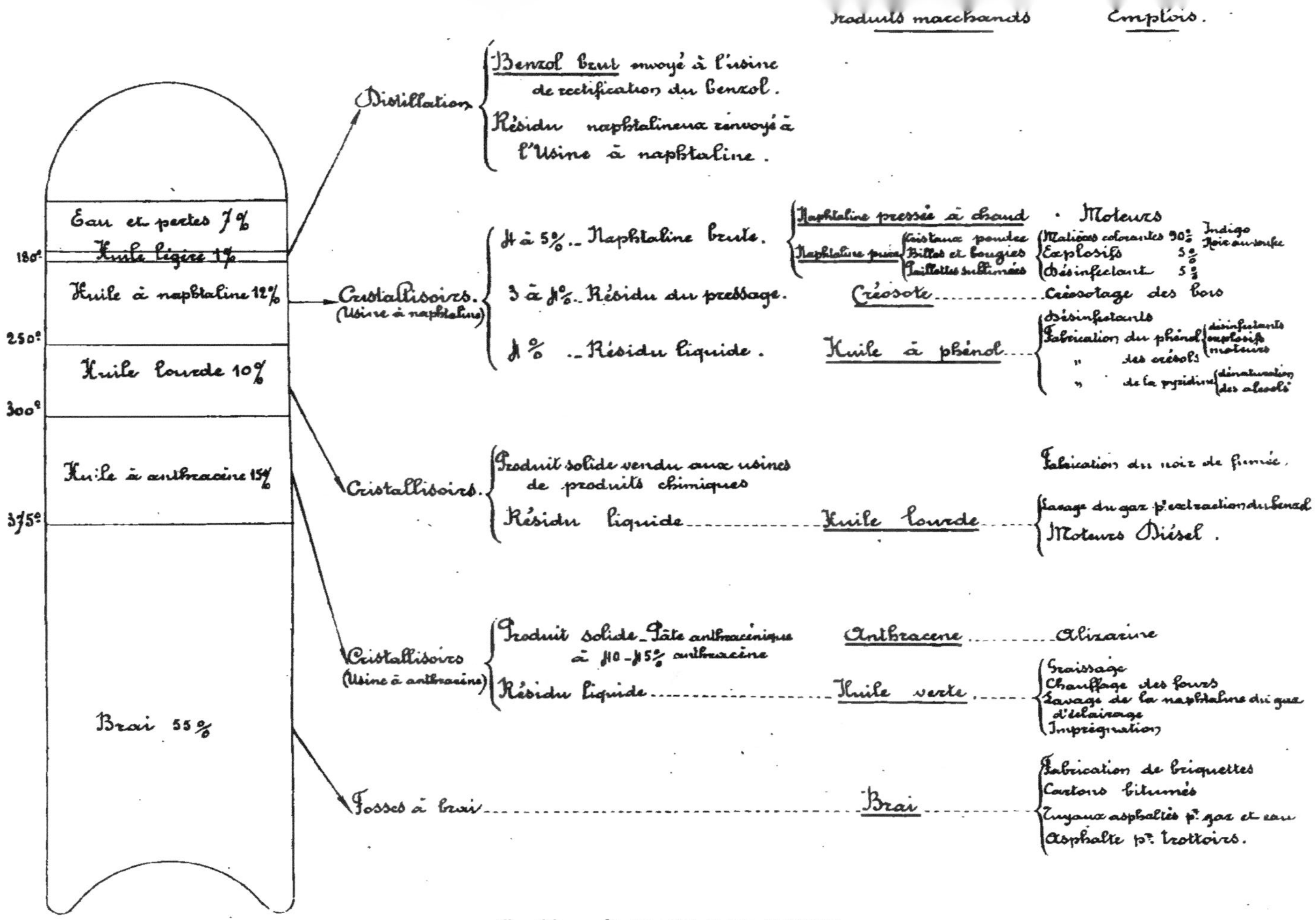

Produits marchands — Emplois.

Eau et pertes 7 %
Huile légère 1 %
Huile à naphtaline 12 %
Huile lourde 10 %
Huile à anthracène 15 %
Brai 55 %

180° — 250° — 300° — 375°

Distillation
- Benzol brut envoyé à l'usine de rectification du benzol.
- Résidu naphtalineux renvoyé à l'Usine à naphtaline.

Cristallisoirs. (Usine à naphtaline)
- 4 à 5 % — Naphtaline brute.
  - Naphtaline pressée à chaud · Moteurs
  - Naphtaline pure
    - Cristaux poudre
    - Billes et bougies
    - Paillettes sublimées
    - Matières colorantes 90 % (Indigo, Noir au soufre)
    - Explosifs 5 %
    - Désinfectant 5 %
- 3 à 4 % — Résidu du pressage. — Créosote — Créosotage des bois
- 4 % — Résidu liquide. — Huile à phénol
  - Désinfectants
  - Fabrication du phénol (désinfectants, explosifs, moteurs)
  - " des crésols
  - " de la pyridine (dénaturation des alcools)

Cristallisoirs.
- Produit solide vendu aux usines de produits chimiques — Fabrication du noir de fumée.
- Résidu liquide — Huile lourde
  - Lavage du gaz p^r extraction du benzol
  - Moteurs Diésel.

Cristallisoirs (Usine à anthracène)
- Produit solide — Pâte anthracénique à 40-45 % anthracène — Anthracène — Alizarine
- Résidu liquide — Huile verte
  - Graissage
  - Chauffage des fours
  - Lavage de la naphtaline du gaz d'éclairage
  - Imprégnation

Fosses à brai — Brai
- Fabrication de briquettes
- Cartons bitumés
- Tuyaux asphaltés p^r gaz et eau
- Asphalte p^r trottoirs.

Fig. 22. — DISTILLATION DU GOUDRON.

Le traitement des huiles à anthracène est identique à celui des huiles à naphtaline. L'anthracène est également une matière première importante de l'industrie des couleurs.

Les différentes huiles de goudron obtenues après élimination de la naphtaline et de l'anthracène sont principalement utilisées comme combustibles dans les moteurs à combustion. Elles servent aussi à

Fig. 23. — Usine a goudron.

Cette usine, établie en 1898, à Vendin-le-Vieil, à proximité de la fosse n° 8 des Mines de Lens, est capable de traiter 30.000 tonnes de goudron par an.

On aperçoit, sous le bâtiment couvert en tôle ondulée, les maçonneries des chaudières de distillation, chauffées à feu nu. Au premier plan les étouffoirs, récipients fermés, dans lesquels le brai commence à se refroidir et les fosses, dans lesquelles il s'écoule encore liquide et se solidifie.

l'imprégnation ou créosotage du bois et à la préparation de produits désinfectants. Une petite partie est employée comme huile de chauffage, une autre, utilisée pour le lavage du gaz en vue d'en extraire le benzol.

La figure 23 représente une vue d'ensemble des usines à goudron de la Société des Mines de Lens.

28. — Nous avons vu, dans ce rapide exposé, la meule du charbonnier se transformer peu à peu en un appareil très complexe qui fournit, outre le coke métallurgique, du gaz propre à divers usages : éclairage des villes, emploi dans les moteurs, chauffage de fours industriels, et des sous-produits dont les applications sont si nombreuses. Je voudrais, avant de terminer, vous donner quelques chiffres caractérisant bien l'importance de ces produits et entre autres des deux principaux : le sulfate d'ammoniaque et les matières premières de l'industrie des couleurs.

Si les cent millions de tonnes de coke que consomme l'industrie mondiale étaient tous fabriqués dans les fours à récupération, la valeur des produits recueillis dépasserait largement le demi-milliard.

Le sulfate d'ammoniaque est devenu, comme engrais azoté, un rival important du nitrate de soude du Chili ; il a sur ce dernier l'avantage de contenir plus d'azote sous un même poids, le nitrate 155 kgs à la tonne, le sulfate, 204 kgs.

En 1912, la production de nitrate de soude a été de 2 millions et demi de tonnes, celle du sulfate d'ammoniaque de 1.300.000 tonnes. Si on tient compte des teneurs en azote des deux produits, on peut dire que le nitrate de soude a fourni les 3/5, et le sulfate d'ammoniaque les 2/5 de l'azote des engrais azotés. Et l'épuisement à prévoir des mines de salpêtre du Chili aurait laissé au sulfate d'ammoniaque un avenir encore plus brillant si les procédés de fabrication des engrais azotés au moyen de l'azote atmosphérique n'étaient entrés récemment dans la pratique industrielle.

D'un intérêt comparable, non pas en eux-mêmes mais en raison des produits qu'ils servent à fabriquer, sont les dérivés du benzol et du goudron, benzène, toluène, naphtaline, anthracène qui sont, avec l'acide nitrique, les matières premières essentielles de l'industrie des couleurs.

Cette industrie, qui a tué chez nous la culture de la garance, qui tuera demain celle de l'indigo, a une importance économique considérable; l'Allemagne, malheureusement, en détient jusqu'ici le quasi monopole; rien que dans ce pays, la valeur des produits fabriqués s'élève à plus de 400 000 000 de francs.

LILLE, IMPRIMERIE L. DANEL.

www.ingramcontent.com/pod-product-compliance
Ingram Content Group UK Ltd.
Pitfield, Milton Keynes, MK11 3LW, UK
UKHW012300240726
13966UKWH00004B/1510